Sitzungsberichte
der Akademie der Wissenschaften
der DDR
Mathematik – Naturwissenschaften – Technik

3 N
1989

Horst Schmandke

Lebensmittelwissenschaften und Chemie - ausgewählte Aspekte der Erschließung der Ackerbohne als Lebensmittelrohstoff

AKADEMIE-VERLAG BERLIN

Sitzungsberichte
der Akademie der Wissenschaften
der DDR
Mathematik — Naturwissenschaften — Technik

Jahrgang 1989 . Nr. 3/N

Horst Schmandke

Lebensmittelwissenschaften und Chemie – ausgewählte Aspekte der Erschließung der Ackerbohne als Lebensmittelrohstoff

AKADEMIE-VERLAG BERLIN
1989

Vortrag von Prof. Dr. rer. nat. habil. Horst Schmandke,
Zentralinstitut für Ernährung der Akademie der
Wissenschaften der DDR, vor der Klasse Chemie der AdW der DDR
am 22. September 1988

Herausgegeben im Auftrage
des Präsidenten der Akademie
der Wissenschaften der DDR
von Vizepräsident Prof. Dr. Hans-Heinz Emons

ISBN 3-05-500526-0
ISSN 0138-3965

Erschienen im Akademie-Verlag Berlin, Leipziger Straße 3–4, DDR-1086 Berlin

Lizenznummer: 202 · 100/367/89
Printed in the German Democratic Republic
Gesamtherstellung: VEB Druckhaus Köthen
LSV 4705
Bestellnummer: 7640048 (2010/89/3 N)
00300

Die Lebensmittelherstellung ist global betrachtet ein Prozeß der Stoffgewinnung und Stoffwandlung: beide Prozesse sind deshalb Forschungsgegenstand der Lebensmittelwissenschaften und damit letztendlich der Lebensmittelentwicklung.

Stoffgewinnung

Voraussetzung der Stoffgewinnung ist dessen Bildung durch Pflanzen, Tiere, Einzeller (Mikroorganismen, Algen), pflanzliche in-vitro-Kulturen und durch die chemische Synthese. Im Gegensatz zur chemischen Synthese steht im Falle der pflanzlichen, tierischen und biotechnologischen Stoffbildung die biochemische Synthese und ihre Optimierung im Mittelpunkt des Interesses, wobei neben der Selektion nunmehr die gentechnische Manipulierung der Organismen hinzugekommen ist. Dadurch ist es prinzipiell möglich, sowohl quantitativ als auch qualitativ die biochemische Synthese von biologischen Systemen zu verändern. In den *Tab. 1 bis 3* ist die biochemische und

Tabelle 1 Stoffbildung durch Pflanzen und Tiere

Pflanzen	*Tiere*
Proteine (einschl. Enzyme)	Proteine (einschl. Enzyme)
Fette	Fette
Phosphatide (Emulgatoren)	Lactose
Saccharose	Vitamine
Oligosaccharide (Verbascose, Stachyose)	
Polysaccharide (Stärke, Pectin, übermolekulare Cellulosestrukturen)	
Aroma- und Geschmacksstoffe einschl. off-flavour (Früchte, Gemüse)	
Farbstoffe	
Vitamine	
Natürliche Schadstoffe (Glucosinolate, Trypsininhibitoren)	

Tabelle 2 Stoffbildung durch Einzeller

Proteine (einschließlich Enzyme)
Aminosäuren
Fette (vor allem auch mit ungesättigten Fettsäuren)
Polysaccharide (z. B. alginatähnliche Gelbildner)
Aroma- und Geschmacksstoffe (Mehrkomponentensysteme, wie z. B. Fermentations- und Reifungsaromen des Käses, Brotes und von Rohwurst)
Süßstoffe (z. B. Thaumatin)
Vitamine
Natürliche Schadstoffe (cyclische Fettsäuren)

Tabelle 3 Stoffgewinnung durch chemische Synthese und pflanzliche in-vitro-Kulturen

Chemische Synthese	*Pflanzliche in-vitro-Kulturen*
Aroma- und Geschmacksstoffe (Terpene, Süßstoffe, coupling sugar)	Aroma- und Geschmacksstoffe – De-novo-Synthese (Spargel, schwarze Johannisbeere) – Biotransformation (aus Aromavorläufern)
Vitamine	Farbstoffe (Safran, Curcuma)
Aminosäuren	

chemische Stoffbildung ausgewiesen. Neben der gentechnischen Manipulierung an Mikroorganismen und Pflanzen konzentriert sich die Forschung zur Stoffbildung gegenwärtig auf die

- Einzeller: spezifische Polysaccharide, Aroma- und Geschmacksstoffe, Enzyme.
- pflanzlichen in-vitro-Kulturen: Aroma- und Geschmacksstoffe, Farbstoffe.

Die chemische Synthese hat vor allem für die Aroma- und Geschmacksstoffe Bedeutung, und zwar immer dann, wenn es gelingt, Substanzen zu analysieren, die für Aroma- und Geschmackskompositionen eine Schlüsselfunktion besitzen.

Neben der Gewinnung der gebildeten komplexen Lebensmittelrohstoffe (Fleisch, Milch, Getreide, Ölsamen, mikrobielle Biomassen) und ihrer mehr oder weniger direkten Nutzung für die menschliche Ernährung ist in vielen Fällen ihre weitere Verarbeitung mit der Abtrennung einzelner Komponenten oder Komponentenkomplexe verbunden. Für den Forschungsprozeß selbst ist die Fraktionierung der gewonnenen Stoffe für ihre Charakterisierung ohnehin essentiell.

Stofftrennung

Abgesehen von der erforderlichen aufwendigen Trennmethoden im Forschungsprozeß, und zwar mit dem Ziel der Stoffcharakterisierung, stehen einige Trennprozesse auf dem Lebensmittelsektor im Mittelpunkt des Interesses. Auch die in Tab. 4 auf-

Tabelle 4 Ausgewählte Stofftrennprozesse

Membrantrennung
Trennung durch Stoffunverträglichkeit
Extraktion mit überkritischen Gasen
Windsichtung

geführten ausgewählten Stofftrennprozesse werden in irgendeiner Form bereits in der Praxis genutzt. Allerdings sind die Erhöhung der Leistungsfähigkeit ihres Trennungsprinzips und ihre Anwendung auf spezifische Stoffgruppen Gegenstand von Forschung und Entwicklung. Das gilt beispielsweise für die schonende Abtrennung von Proteinen (einschließlich Enzymen) mittels Membranen und durch Stoffunverträglichkeit in wäßriger Lösung, für die Extraktion von Aroma- und Geschmacksstoffen aus Pflanzen mit beispielsweise flüssigem Kohlendioxid und für die trockene Trennung von Protein und Stärke von beispielsweise Getreide oder Leguminosen durch Windsichtung.

Letztere Entwicklung wurde durch sehr leistungsfähige Stiftmühlen möglich, die eine Zerkleinerung bis zu den intakten, biologisch gewachsenen Proteinpartikeln und Stärkekörnern gestatten. Dadurch entstehen völlig neue Fraktionierungen, also Fraktionen mit andersartigen Eigenschaften.

Stoffcharakterisierung

In den Lebensmittelwissenschaften besteht weitgehende Übereinstimmung, daß die Chemie mit der Aufklärung der Beziehungen von Struktur und Wirkung der Lebensmittelinhaltsstoffe schon im Mittelpunkt des Erkenntnisprozesses auf diesem Gebiet steht. Dabei wird das Wissen über Stoff- und Systemkennwerte zur Stoffgewinnung und -wandlung und damit schließlich für die Forschung und Entwicklung in Technik und Technologie einschließlich der Prozeßautomatisierung gewonnen.

Im Vordergrund der Strukturforschung stehen gegenwärtig bei den Proteinen pflanzliche Globuline und Albumine, bei den Polysacchariden Stärken, Pectine und neuerdings übermolekulare, vesikuläre Lignocellulosestrukturen sowie auch mikrobielle gelbildende Polysaccharide. Im Falle der Aroma- und Geschmacksstoffe bleibt die Stoffanalyse und die Zuordnung zum sensorischen Eindruck weiterhin auf der Tagesordnung; das gilt auch für off-flavour-Probleme. In den letzten Jahren hat im Zusammenhang mit den Lebensmittelsystemen (Lösung, Gel, Emulsion, Schaum) die Physikochemie und Physik verstärkt Einzug in die Lebensmittelforschung gehalten.

Stoffwandlung

Es soll wenigstens erwähnt werden, daß nicht nur im volkstümlichen Sprachgebrauch sondern auch im lebensmittelindustriellen Bereich der Begriff der Stoffwandlung sehr weit gefaßt wird. Dabei stehen in letzterem Falle vor allem die veränderten Eigenschaften eines Stoffes für einen bestimmten Anwendungszweck im Blickpunkt. Dazu würde z.B. schon gehören, ob ein Lebensmittelinhaltsstoff oder auch ein Lebensmittel in flüssiger, pulverisierter oder gar granulierter Form vorliegt. In diese Kategorie gehört auch die unterschiedliche Kombination von Lebensmitteln oder deren Inhaltsstoffen, die zu neuen Eigenschaften und veränderten Verwendungszwecken führen.

Tabelle 5 Stoffwandlung durch Blockierung bzw. Freisetzung von funktionellen Gruppen sowie durch Redox-Reaktionen

Blockierung von Amino-, Hydroxyl- und Sulfhydrylgruppen
Acylierung von
- Proteinen (pflanzliche Globuline)
- Polysacchariden (Stärke, Cellulose)

Blockierung oder Freisetzung von Carboxylgruppen
- Veresterung und Esterspaltung bei Polysacchariden (Pectin)
- Amidierung und Desamidierung von Proteinen (Gluten)

Redox-Reaktionen
- Ungesättigte Fettsäuren (pflanzliche Öle)
- Proteine (Methionin und Cystin)

Tabelle 6 Stoffwandlung durch intra- bzw. intermolekulare Umsetzung oder Spaltung (unter Einfluß von pH, Temperatur, UV, Ultraschall, Scheren usw.)

Karamelisierungsreaktion
Maillard-Reaktion
Aspartyl- bzw. Glutamyllysinbindung in Proteinen
Lysinoalaninverknüpfung in Proteinen
Disulfidbindung in Proteinen
Transglycosidierungen bei Kohlenhydraten
Hydrolyse von Proteinen, Fetten und Kohlenhydraten

Tabelle 7 Enzymatische Stoffwandlung

Proteinhydrolyse zu spezifischen Peptiden (Thermitase)
Stärkehydrolyse zu Maltose (nichtglucogene Amylase)
Pectinhydrolyse zur Obst- und Gemüsemazeration (Polygalacturonase)
Fettumesterung (Lipase)
Einstellung des Veresterungsgrades von Pectin (Pectinesterase)
Fructosylierung von Stärke (Fructosyltransferase)
Fettdehydrierung (Desaturasen)

Tabelle 8 Stoffwandlung durch nichtkovalente Wechselwirkungen

mit Neutralsalzen
(Proteine und saure Polysaccharide mit Na- und Ca-Ionen)
mit Polyionen
(Proteine mit sauren Polysacchariden bzw. mit Phytinsäure)
mit apolaren Lipiden
(hydrophobe Wechselwirkung mit z.B. Proteinen in Emulsionen)

Entsprechend Tab. 5 bis 8 treten in der Lebensmittelchemie vor allem die folgenden Stoffwandlungen auf:

— Blockierung bzw. Freisetzung funktioneller Gruppen (Tab. 5)
— Redox-Reaktionen (Tab. 5)
— intra- bzw. intermolekulare Umsetzung oder Spaltung (Tab. 6)
— enzymatische Modifizierung (Tab. 7)
— nichtkovalente Wechselwirkungen (Tab. 8).

Abgesehen von der Maillard-Reaktion (also die Umsetzung von Kohlenhydraten mit Aminosäuren, Peptiden oder Proteinen), deren Mechanismus und Kinetik nach nunmehr fast 80jähriger Bearbeitung weiterer Aufmerksamkeit bedürfen, handelt es sich um einfache chemische Reaktionen. Forschungsgegenstand ist deshalb meistens deren Kinetik und die durch sie erreichten Eigenschaftsveränderungen der Lebensmittelinhaltsstoffe. Allerdings sind bei einer Reihe von Redox-Reaktionen die gebildeten Endprodukte ebenfalls nicht ausreichend bekannt; das gilt z.B. für eine Reihe von off-flavour-Noten in Lebensmittelrohstoffen. Enzymatische Modifizierungen führen vor allem bei hydrolytischen Prozessen zu immer wieder erstaunlichen Möglichkeiten der Einstellung des Hydrolysegrades mit wesentlichen Konsequenzen für die Eigenschaften der erhaltenen Produkte.

Es gehört mit zu den Hauptaufgaben der Lebensmittelwissenschaften, agrarische Massenrohstoffe für die menschliche Ernährung zu erschließen. Neuerdings wird der Forschung zur Nutzung der Ackerbohne als Lebensmittelrohstoff große Aufmerksamkeit gewidmet, und zwar hinsichtlich des Einsatzes als Bohne selbst und zur Gewinnung von Protein und Stärke.

So werden gegenwärtig weltweit etwa 4,3 Mio Tonnen Ackerbohnen geerntet. In Tab. 9 sind vor allem die Hauptproduktionsländer nach FAO-Angaben aufgeführt.

Vor allem in den Ländern des Mittelmeerraumes wird die Ackerbohne in speziellen Zubereitungen (gedünstet, gekocht, gebacken, frittiert, geröstet) der Trockenbohne als

Tabelle 9 Hauptanbauländer der Ackerbohne 1986 — Produktion in 1000 t

China	2300
Äthiopien	500
Ägypten	310
Marokko	201
Italien	179
Frankreich	122
BRD	106
Türkei	80
Spanien	52
ČSSR	21
DDR	17

Hauptnahrungsmittel, aber auch als Frischgemüse verzehrt; letzteres gilt inzwischen auch für England, die Niederlande und die BRD.
Der Hauptanteil der Ackerbohne wird als Futtermittel verwendet.

Die Ackerbohne als Lebensmittelrohstoff

Aus Tab. 10 geht hervor, daß schalenfreie Ackerbohnen in erster Linie Stärke und Protein enthalten, aber auch unerwünschte Inhaltsstoffe wie Phenolcarbonsäuren, Phytinsäure, Proteaseinhibitoren, Lectine (Hämagglutinine), Vicin und Convicin, flatulenzerzeugende Kohlenhydrate und Enzyme.

Tabelle 10 Grobzusammensetzung von rohem und einem mit Wasser extrahiertem Ackerbohnenmehl in %

	roh	nach Extraktion bei pH 4,2
Protein (N × 5,8)	30	30
Lipide	2	2
Stärke	45	
Raffinose	0,1–0,2	0
Stachyose	0,2–0,5	0,02
Verbascose	2	0
Phytinsäure	0,4–0,7 (3)*	4*
Trypsininhibitor-Aktivität (Einheiten/mg)	5	4
Hämagglutinin-Aktivität (Einheiten/mg)	11	
Vicin + Convivin	0,7	0,35
Phenolcarbonsäuren (mg/100 g)	14	
frei	6	
verestert	7	
gebunden	1	

* mg Phosphor/g.

Proteine

Tab. 11 weist aus, daß die Globuline mit ~90% den Hauptanteil der Proteine darstellen, wobei das Legumin und Vicilin überwiegen. Ein Vergleich der beiden Globuline weist das Legumin mit der dreifachen Menge an schwefelhaltigen Aminosäuren (Cystein und Methionin) aus.

Tabelle 11 Proteinzusammensetzung der Ackerbohne

	Gehalt (%)	Molekularmasse (D)	PI
Albuminfraktion	10		
Lipoxygenase			
α-Galactosidasen			
I		209000	
II		38000	
Galactokinsae		2 × 30000	5,3
Proteaseinhibitoren			
I (gegenüber Trypsin + Chymotrypsin)		5730	8,5
II (gegenüber Trypsin)		6524	7,9
Favin		5600 – 20700	
Globulinfraktion	90		
2 S*	23 – 29	20000 – 30000	
7 S (Vicilin)	28 – 30	150000 – 186000 320000, 465000	4,8
11 S (Legumin)	37 – 41	314000 – 400000	5,5
15 S	5 – 7	599000	

* Sedimentationskoeffizient.

Legumin

Deshalb ist verständlich, daß die bei Legumin gefundene Untereinheit mit einer Molekularmasse von 36000 (saure Polypeptidkette) mit der von 20000 (basische Polypeptidkette) im Verhältnis 1:1 durch Disulfidbrücken zu 4 Hauptpaaren (davon enthalten 2 kein Methionin) und 2 Nebenpaaren mit einer Molekularmasse von jeweils 60000 miteinander verknüpft sind. Ihre Verknüpfung zu einem Molekül ($6 \times 60000 = 360000$) wird mit den bestimmten Molekularmassen zwischen 314000 und 400000 deutlich.

In Analogie zu den Kenntnissen über die Quartärstruktur z. B. des 11 S-Globulins der Sojabohne (Glycinin), des Hanfes (Edestin), des Sonnenblumen- (Helianthinin) und des Rapssamens dürfte es sich auch beim Legumin um ein trigonales Antiprisma aus den genannten 6 Paaren handeln, die mit je 3 Paaren eine sandwichartige Doppelschicht bilden.

Vicilin

Das Vicilin besteht aus zwei Untereinheiten mit den Molekularmassen 50000 und 70000. Experimentell wurden Molekularmassen zu 150000 bis 186000, 320000 bis

380000 (Dimeres) und schließlich zu 465000 (Trimeres) ermittelt. Deshalb kann man davon ausgehen, daß es sich beim Vicilin um eine Proteinfamilie handelt:

Typ A	3×50000		
Typ B	2×50000	$+$	1×70000
Typ C	1×50000	$+$	2×70000
Typ D			3×70000

15 S-Globulin

Da das 15 S-Globulin die gleichen Untereinheiten wie das Legumin aufweist und über eine Molekularmasse von 599000 verfügt, wird von einem dimeren Legumin ausgegangen; eine Verknüpfung über Disulfidbrücken liegt nicht vor.

Modifizierung der Globuline

Die Struktur der Globuline drängt geradezu danach, die negative Nettoladung der Moleküle zu erhöhen und damit eine Störung des elektrostatischen Gleichgewichts zwischen den Polypeptidketten hervorzurufen, die zu einem Abbau der globulären Struktur durch Dissoziation in die Untereinheiten sowie zu Polypeptidketten selbst führen müßte. Das wird durch Acylierung der endständigen Aminogruppe des Lysins in den Globulinen erreicht. Dabei werden das Lösungs-, Viskositäts-, Fließ-, Emulgier-, Schaum- und Gelbildungsverhalten sowie die Eigenschaften von Gelen, Emulsionen und Schäumen in charakteristischer Weise verändert. Das gilt in gleicher Weise für die Wechselwirkungseigenschaften mit weiteren Lebensmittelbestandteilen.

Albumine

In der Albuminfraktion, die etwa 10% der Ackerbohnenproteine ausmacht, sind bisher *8 Trypsin- und 3 Chymotrypsininhibitoren* gefunden worden. Entsprechend Tab. 11 sind bisher nur 2 Inhibitoren (I und II) angearbeitet, dabei ist im Falle von I Trypsin- und Chymotrypsin-Inhibitoraktivität an ein und dasselbe Molekül geknüpft. Bei einer Molekularmasse um 6000 sind ihre Cysteingehalte relativ hoch; ihre Aktivität ist deshalb in hohem Maße an Proteinstrukturen gebunden, die mit disulfidischen Verknüpfungen im Zusammenhang stehen. Die Thermostabilität ist folglich relativ hoch (95°C, 30 min ohne Effekt!).

Die Proteaseinhibitoren bilden mit den Enzymen Komplexe und inaktivieren diese. Die folgende Sekretionsstimulierung des Pankreas ist mit dessen Vergrößerung verbunden.

Das Favin ist ein Lectin, das Mannose und Glucosamin kovalent gebunden enthält. Das Molekül besteht aus 2 Polypeptiden mit Molekularmassen von 5600 (α-Kette) und 20700 (β-Kette); die kovalente Bindung der beiden Zucker liegt an der Asparaginsäure der Position 168 der β-Kette vor. Das Favin enthält keine schwefelhaltigen Aminosäuren, seine Thermostabilität ist deshalb gering (100°C, 20 min keine Restaktivität mehr!).

Das Favin ist ein Hämagglutinin. Es besitzt also die Eigenschaft, Erythrozyten zu agglutinieren.

Die Lipoxygenase katalysiert die Oxidation von Linol- und Linolensäure, nicht die der Ölsäure. Ihr Wirkungsoptimum liegt bei pH 6,0 und 30 °C. Thermostabilität ist in wäßriger Lösung bis etwa 65 °C gegeben. Eine völlige Inaktivierung wird bei 75 °C innerhalb von 10 s erreicht.

Bei der Oxidation von Linol- und Linolensäure entstehen Hydroperoxide, die über Zerfallsprodukte Off-Flavour bilden, also unerwünschte Aroma- und Geschmacksstoffe (z. B. Hexanale und Hexanole). Das Wirkungsoptimum des Enzyms liegt bei pH 6,0 und 30 °C. In Trockenprodukten, wie z. B. Ackerbohnenmehl, weist Lipoxygenase eine hohe Thermostabilität auf. Eine vollständige Hemmung ist erst bei 160 °C zu erreichen; in wäßriger Lösung gelingt das schon bei 75 °C, und zwar innerhalb von 10 s.

Die *α-Galactosidasen* (pH-Optimum 3,5 – 5,5) und die *Galactokinase* (pH-Optimum 7,3) katalysieren die Spaltung der flatulenzerzeugenden Oligosaccharide Raffinose, Stachyose und Verbascose. Die Inaktivierung der α-Galactosidasen gelingt bei 60 °C und pH 4,0 innerhalb von 30 min.

Kohlenhydrate

Die schalenfreie Ackerbohne besteht zu etwa 60 % aus Kohlenhydraten. Deren Zusammensetzung ist in Tab. 12 dargestellt; 75 % bestehen aus Stärke, die wiederum zu 1/3 aus Amylose und zu 2/3 aus Amylopectin besteht. Der Rest setzt sich zu etwa gleichen Anteilen aus einer Fraktion weiterer Polysaccharide (Pectin, Pentosane, Hemicellulose, Cellulose und Lignin) und Zuckern zusammen.

Hochgereinigte *Amylose* der Ackerbohne wird in Übereinstimmung mit Tab. 13 zu fast 100 % durch β-Amylase gespalten. Das Molekül liegt somit fast vollständig linear vor. Der Polymerisationsgrad beträgt zwischen 1000 und 2000 Glucoseeinheiten, die Molekularmasse $>10^5$.

Tabelle 12 Zusammensetzung der Kohlenhydrate der Ackerbohne in %

Amylopectin	50
Amylose	25
Rohfaser	14
davon Hemiceullulose	40
Pentosane	25
Pectin	15
Lignin	10
Cellulose	10
Äthanollösliche Zucker	11
davon Saccharose	50
Verbascose	30
Stachyose	10
Raffinose	5

Tabelle 13 Struktur von Amylose und Amylopectin der Ackerbohne

	Amylose	Amylopectin
β-Amylolyse	98	56
Pullulanasespaltung + β-Amylolyse		98
Polymerisationsgrad (Glucoseeinheiten)	$> 10^3$	
Mittlere Kettenlänge (Glucoseeinheiten)		~20
Molekularmasse	$> 10^5$	$> 10^6$

Das hochgereinigte *Amylopectin* wird von β-Amylase nur zu 56% gespalten (Tab. 13), ein Hinweis auf zahlreiche Seitenketten. Nach dem Abbau der Verzweigungen durch Pullulanase wird mit anschließender β-Amylolyse natürlich ebenfalls insgesamt eine fast 100%ige Spaltung des Amylopectins erzielt. Die Molekularmasse des Amylopectins beträgt $>10^6$, und zwar bei einer mittleren Kettenlänge von etwa 20 Glucoseeinheiten, wobei eine lange innere C-Kette mit durchschnittlich 45 Glucoseeinheiten und eine äußere Kette hinter der 1,6-α-D-glucosidischen Bindung mit durchschnittlich 15 Glucoseeinheiten existiert.

Im Vergleich zur Amylose der Ackerbohne weisen die Amylosen aus Weizen und Kartoffeln (β-Amylolyserate 72 bzw. 78%) eine nicht so ausgeprägte Linearität auf. Dagegen stimmen die Amylopectine der Ackerbohne, des Weizens, der Kartoffel und von Mais hinsichtlich der mittleren Kettenlänge überein.

Lipide

Wie in Tab. 14 ausgeführt, bestehen die etwa 2% Lipide der Ackerbohne zu je rund 40% aus Phosphatiden und Triglyceriden, wobei in beiden Fraktionen der Anteil an

Tabelle 14 Zusammensetzung der Ackerbohnenlipide in %

Phosphatide			42,5
davon Phosphatidylcholine		36,5	
Phosphatidyläthanolamin		13,1	
Phosphatidylserin		Spuren	
Phosphatidylinositol		18,8	
Triglyceride			39,0
davon UUU*	66,7		
USU	19,0		
SUU	10,7		
SSU	3,1		
SUS**	0,4		
SSS	0,1		
Freie Sterole			6,0
Veresterte Sterole			1,5
Freie Fettsäuren			2,0
Partiell veresterte Glyceride und andere polare Komponenten			5,5
Kohlenwasserstoffe			0,9

* ungesättigte Fettsäure.

** gesättigte Fettsäure.

ungesättigten Fettsäuren gemäß Tab. 15 mit ungefähr 85 % relativ hoch ist. Damit liegt ein oxidationssensibles Fett vor. Die Phosphatidfraktion der Ackerbohne ist hinsichtlich ihrer oberflächenspannungssenkenden Wirkung mit derjenigen der Sojabohne vergleichbar und deshalb ebenfalls insgesamt mit guter Emulgatorwirkung ausgestattet.

Tabelle 15 Fettsäurezusammensetzung der Ackerbohnenlipide in %

	Gesamtlipide	Phosphatide	Triglyceride
Fettsäure			
C_{16}	12,2	16,4	9,6
C_{18}	0,9	Spuren	1,6
$C_{18:1}$	28,2	39,2	24,5
$C_{18:2}$	55,7	44,1	60,3
$C_{18:3}$	2,9	Spuren	3,9

Phenolcarbonsäuren

Wenn auch der Gehalt an Phenolcarbonsäuren mit nur 14 mg/100 g Ackerbohnenmehl gering ist, sind ihre sensorischen Eigenschaften in Richtung adstringierender, bitterer und säuerlicher Off-flavour-Noten bedeutsam. Die Zusammensetzung ist in Tab. 16 angegeben. Die geschmacklichen Schwellenkonzentrationen der einzelnen Phenolcarbonsäuren liegen zwischen 10 und 90 μg/g wäßriger Lösung; bei ihrer Wechselwirkung wird diese noch weiter gesenkt. So ist bei alleiniger Betrachtung der etwa 6 mg/100 g freier Phenolcarbonsäuren (Tab. 10) in Ackerbohnenmehl durchaus mit Überschreitungen ihrer Schwellenkonzentrationen zu rechnen.

Tabelle 16 Phenolcarbonsäuren-Zusammensetzung von schalenfreien Ackerbohnen in %

	Phenolcarbonsäuren-Fraktion		
	freie	veresterte	gebundene
p-Hydroxybenzoesäure	5	5	17
Vanillinsäure	3	13	
Gentisinsäure	2		
Chinasäure		4	
Veratrumsäure	2	52	
Zimtsäure	2		
o-Cumarsäure	6	4	34
p-Cumarsäure	5	8	17
Ferulasäure	3	6	
cis-Sinapinsäure	27	3	34
trans-Sinapinsäure	45		

Phytinsäure (Myo-Inositol-Hexakis-dehydrogenphosphat)

Mit dem Protein bildet die Phytinsäure Komplexe, die schwer verdaulich sind und deshalb die biologische Wertigkeit des Proteins herabsetzen. Aus dem Fällungsverhalten von Phytinsäure und Ackerbohnenprotein geht hervor, daß eine wäßrige Extraktion der Phytinsäure aus dem Protein an dessen isoelektrischem Punkt (pH 4,2; niedrigste Löslichkeit des Proteins) nicht effektvoll ist. Hinzu kommt, daß bei der wäßrigen Extraktion des Proteins bei pH 7,0 gleichzeitig die Phytinsäure extrahiert wird. Tab. 17 weist diese Tatsachen aus und zeigt weiterhin, daß durch Blockierung der ε-Aminogruppen des Lysins mittels Acetylierung des Proteins dessen negative Ladung so erhöht wird, daß offenbar die Wechselwirkung mit der Phytinsäure geschwächt ist.

Tabelle 17 Phytinsäuregehalt in verschiedenen Ackerbohnenprodukten in mg Phosphor/g

Unbehandeltes Ackerbohnenmehl (I)	3,1
bei pH 4,2 extrahiertes I	3,6
Ackerbohnenproteinisolat (gewonnen aus bei pH 7,0 extrahiertem I)	6,8
acetyliertes Ackerbohnenproteinisolat (gewonnen durch Acetanhydridzusatz zu I und Extraktion bei pH 7,0)	4,6

Vicin und Convicin

Vicin (2,6-Diamino-4,5-dihydroxy-pyrimidin-5-β-D-glucopyranosid) und Convicin (2,4,5-Trihydroxy-6-amino-pyrimidin-5-β-D-glucopyranosid) sind in Lösung hitzestabil. Vicin ist zwischen pH 4 und 9 und Convicin zwischen pH 1 und 8 nahezu unlöslich. Durch saure Hydrolyse entstehen aus den β-Glucosiden Isouramil (I) und Divicin (II), aus denen durch Sauerstoffeinfluß unter Bildung von Wasserstoffperoxid die entsprechenden oxydierten Pyrimidine entstehen. In Erythrozyten wird das Was-

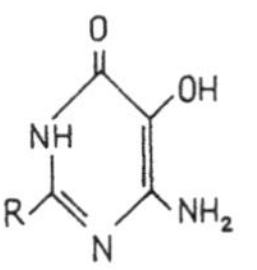

I: R = OH II: R = NH_2

serstoffperoxid durch reduziertes Glutathion (GSH) abgefangen. Der damit entstehende erhöhte Bedarf an GSH wird üblicherweise durch Aktivitätserhöhung der Glucose-6-phosphatdehydrogenase abgesichert. Bei Mangel dieses Enzyms in den Erythrozyten entsteht der sogenannte Favismus, der mit einer Hämolyse verbunden ist. Der genannte Enzymmangel betrifft etwa 100 Mill. Menschen. Der Favismus konzentriert sich auf die Mittelmeer-Anliegerstaaten.

Entwicklung von Ackerbohnenprodukten

Mit dem erreichten Kenntnisstand der letzten 20 Jahre zu den Inhaltsstoffen der Ackerbohne, ihrer Isolierung, Charakterisierung und auch Modifizierung begann die Entwicklung von Verfahrensprinzipien zur Gewinnung von Ackerbohnenprodukten.

Off-flavour-Reduzierung

Im Zusammenhang damit gelang es, den typischen off-flavour von Ackerbohnen ohne Kenntnis der Identität der entsprechenden Verbindungen zu differenzieren und zu quantifizieren, und zwar in einen „erbsenähnlichen" off-flavour um den pH 7 und einen „unangenehm fruchtigen" im sauren pH-Bereich. Während im ersteren Falle eine Reduktion durch die hydrothermische Behandlung der Ackerbohne gelingt (Inaktivierung der Lipoxygenase), kann die Fruchtnote vor allem durch wäßrige Extraktion von Ackerbohnenmehl um den pH 4 eingeschränkt werden.

Ackerbohnenmehle

Diese beiden Prinzipien wurden entsprechend Schema 1 zur Herstellung der Ackerbohnenmehle AM IV und AM III genutzt; in letzterem Falle wird gemäß Tab. 10 zusätzlich eine fast völlige Eliminierung der flatulenzerzeugenden Oligosaccharide und eine Reduktion der favismusaktiven Verbindungen um etwa 50% (auf 0,35%) erhalten. Prinzipiell können auch die Lipide gewonnen werden.

Schema 1 Gewinnung von Ackerbohnenmehlen

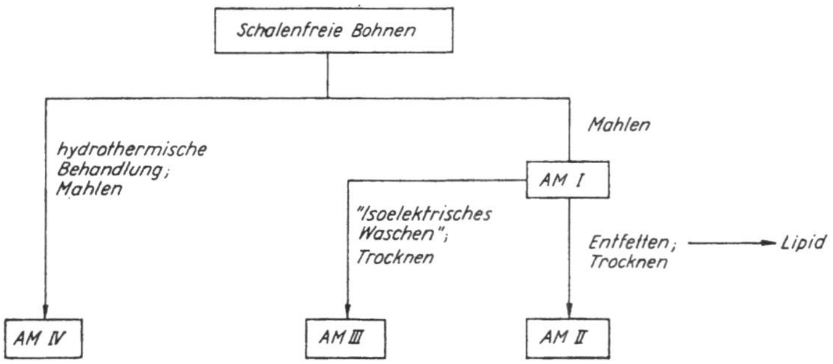

Protein- und Stärkeisolate sowie -konzentrate

Für die Fraktionierung von Ackerbohnenmehl in Protein und Stärke kann prinzipiell ein Naß- und ein Trockenprozeß (Windsichtung) verwendet werden.

Fraktionierung in Wasser

Beim Naßprozeß wird nach Schema 2 das Protein am Neutralpunkt mit Wasser extrahiert und nach z.B. Zentrifugation im gewonnenen Überstand das gelöste Protein durch Einstellung dessen isoelektrischen Punktes mit Säure ausgefällt, abgetrennt durch z.B. erneute Zentrifugation und beispielsweise in einem Sprühtrockner zum Ackerbohnenproteinisolat API getrocknet. Der unlösliche Rückstand des Uberstandes wird in einer Aufschlämmung mittels eines Schüttelsiebprozesses zu Ackerbohnenstärke AS

Schema 2 Wäßrige Fraktionierung von Ackerbohnenmehl

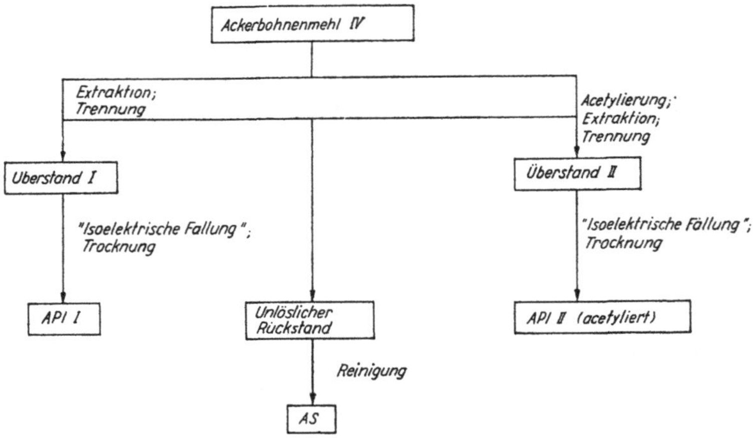

Tabelle 18 Grobzusammensetzung von Protein- und Stärkeisolaten bzw. -konzentraten aus der Ackerbohne in %

	Naßprozeß Isolate Protein	Rohstärke	Windsichtungsprozeß Konzentrate Protein	Stärke
Protein (N × 5,8)	80	5	70	1,5
Lipide	1,5	0,5	3,5	0,2
Stärke		80	2	84
Raffinose	Spuren	Spuren	0,5	0,1
Stachyose	0	Spuren	1	0,2
Verbascose	0	0	3	1
Phytinsäure	7** (5**)*		4	0,2
Trypsininhibitoren (Einheiten/g)	2 (4)*	0,1	11–15	1
Hämagglutinine (Einheiten/g)		6	200	3
Vicin			1,0–1,5	0,1–0,2
Convicin	0,02–0,35		0,4–0,7	0,1
Phenolcarbonsäuren (mg/100 g)	26			
frei	3			
verestert	5			
gebunden	18			

* Acetylderivat
** mg Phosphor/g

gereinigt. Bei der Herstellung des acetylierten Ackerbohnenproteinisolates **API II** wird während der Extraktion des Proteins gleichzeitig dessen Acetylierung mit Acetanhydrid vorgenommen. Die Zusammensetzung der erhaltenen Produkte ist der Tab. 18 zu entnehmen.

Fraktionierung durch Windsichtung

Dazu werden geschälte Ackerbohnen mit Hochleistungsstiftmühlen einer Feinmahlung unterzogen. Dabei kommt es zur Freilegung der einzelnen Proteinpartikel (≤ 5 µm) und Stärkekörner (≤ 50 µm), die sich durch Windsichtung in leichte proteinangereicherte und schwere stärkeangereicherte Fraktionen trennen lassen. Wie

Tabelle 19 Einsatzmöglichkeiten von Ackerbohnenprodukten in der Lebensmittelindustrie

Industriezweig	Erzeugnis	Zusatz	Wirkung
Feinkost	Mayonnaisen	ac PI	Emulsionsstabilisierung
	Salatsoßen		Konsistenzbildung
	Dressings		
Backwaren	Nußerzeugnisse	geröstete Bohnen	Nußsubstitut
	Feinbackwaren	M	Texturbildung
	Brot		
Teigwaren	Nudeln		Texturbildung
	Makkaroni	M	Kochstabilisierung
			Eisubstitut
Nährmittel	Kochpudding	S	Gelierung
	Knabberprodukte (Extrudate)	M	Texturbildung
Speiseeis	Eiskrem	ac PI	Emulsionsstabilisierung
		M	Konsistenzbildung
Süßwaren	Nußerzeugnisse (Krokant, Nußschokolade usw.)	geröstete Bohnen	Nußsubstitut
	Gelee	PI	Gelierung
	Füllungen	M, PI	Konsistenzbildung
	Schaumerzeugnisse	PI	Schaumbildung, Eiklarsubstitut
Fisch	Sterilkonserven	M, S	Konsistenzbildung
		ac PI	Emulsionsstabilisierung
	Farschprodukte	M PI	Texturbildung
Fleisch	Brüh- und Kochwürste	M	Wasser- und Fettbindung
	Hackfleischprodukte	M-Extrudate	Texturbildung

M Ackerbohnenmehl
S Ackerbohnenstärke
PI Ackerbohnenproteinisolat
ac PI acetyliertes Ackerbohnenproteinisolat

aus Tab. 18 hervorgeht, ist diese Art von Proteinanreicherung außer der gleichzeitigen Stärkeabnahme mit einer Zunahme aller anderen Inhaltsstoffe verbunden. Das ist in erster Linie hinsichtlich der gesundheitlich bedenklichen Inhaltsstoffe, aber auch aus sensorischen Gründen von erheblichem Nachteil.

Ackerbohnenprodukte in der Lebensmittelindustrie

Auf der Basis von Applikationskenntnissen aus dem lebensmittelindustriellen Bereich sind Ackerbohnenprodukte sehr vielseitig für die Herstellung von Lebensmitteln einsetzbar. Das ist in Tab. 19 dargestellt. Als hochfunktionelle Lebensmittelzusatzstoffe werden die Ackerbohnenprodukte in relativ kleinen Mengen von 0,5 bis 10% den Lebensmitteln zugesetzt; im Falle der Texturbildung kommen allerdings auch größere Einsatzmengen in Frage.

Eine entsprechende Literaturzusammenstellung siehe in Schmandke, H., Die Ackerbohne (Vicia faba) als Lebensmittelrohstoff, Akademie-Verlag, Berlin 1988.